SONDERDRUCK AUS: S. v. BUBNOFF · FENNOSARMATIA

ARMIN ÖPIK

DAS OSTBALTISCHE KAMBROSILUR

1952

AKADEMIE-VERLAG · BERLIN

DAS OSTBALTISCHE KAMBROSILUR

VON

ARMIN ÖPIK

SONDERDRUCK AUS

S. v. BUBNOFF · FENNOSARMATIA

1952

AKADEMIE-VERLAG · BERLIN

Lizenz-Nr. 202 · 100/61/50

Nr. 304

Satz und Druck VEB Offizin Haag-Drugulin in Leipzig III/18/38

Das Kambrium

Hangendes:

Unterstes Ordovizium	B_{1a}	Glaukonitsand
	A_2	Dictyonemaschiefer
	A_2	Obolensandstein

Schichtlücke (es fehlen Ober-, Mittel- und der obere Teil des Unterkambriums).

Estonium (im wesentlichen unteres bis mittleres Unterkambrium).

(A_{1d})	Sandsteine (Zone) mit *Diplocraterion lyelli* und *Scolithus* („Fukoidensandstein")	10–15 m
(A_{1c})	„Eophyton"-Sandstein, und zwar Schichten (Zone) mit *Scenella discinoides* und dem *Mickwitzia*-„Konglomerat"	3–5 m
	Zone (Ton- und Sandsteinschichten nach unten mit zunehmendem Glaukonitgehalt) mit *Volborthella tenuis* .	8–9 m
(A_{1b})	„Blauer Ton" (graugrüner, oft rotflammiger, aber auch violettbrauner Ton) mit *Platysolenites*, gelegentlich Hyolithen, Schnecken, *Lingulella* (*Hyolithus*-Zone)...	30–60 m
	Sand mit *Platysolenites*	10–20 m
(A_{1a})	Untere Sandsteine mit Tonlagen und liegende Konglomerate .... (0–10–30 m)	etwa 70 m

Schichtlücke.

Liegendes: Granite, Gneise, Migmatite.

Wie im „Eophyton"-Sandstein, so finden sich auch im Blauen Ton noch *Mickwitzia monilifera* und *Holmia mickwitzi*, daneben Reste einiger anderen Trilobiten. Im „Eophyton"-Sandstein beobachtet man öfters Wellenfurchen verschiedenster Dimensionen, Spülflächen, Trockenrisse, Ton- und Sandsteingerölle u. dgl.

Die stratigraphische Stellung der Stufen A_{1a} und A_{1b} war eine Zeitlang umstritten, da sie sogar für vorkambrisch, eokambrisch oder eozoisch gehalten wurden. A. Öpik hat eine Reihe von Beweisen angeführt, nach denen das unterkambrische Alter dieser Folge nicht zu bezweifeln ist. Es ist sogar möglich, daß die Unterkante dieser Ablagerungen nicht einmal die untere Grenze des Kambriums erreicht.

Somit handelt es sich im Falle des ganzen Estoniums (A_{1a}–A_{1b}) in der Tat nur um einen allerdings beträchtlichen Abschnitt des Unterkambriums, wie das auch in Norwegen am Mjösen, im Gebiete der Sparagmitformation der Fall ist. Auch hier sind die estnischen Leitformen, *Volborthella tenuis* und *Platysolenites* vorhanden, denen sich noch die tiefere Zone der *Discinella holsti* anschließt. Demgemäß scheint es angebracht, die fraglichen Konglomerate und Sandsteine (A_{1a}) an der Sohle des Unterkambriums in diese *Discinella*-Zone einzureihen.

Was nun das Fehlen von Mittel- und Oberkambrium anbetrifft, so meint RÜGER, daß diese Lücke eine sekundäre sein kann und stützt sich dabei auf leider unsichere Angaben von FR. SCHMIDT und MICKWITZ über einen Fund eines paradoxidenartigen Trilobitenstachels in einem Geröll an der Basis des Obolensandsteins.

Nun gibt es nach ÖPIK im Obolensandstein keinerlei älteres Geröll, welches auf ein ehemaliges Vorhandensein höherer kambrischer Stufen im Ostbaltikum hindeuten könnte. Wohl aber ist es wahrscheinlich, daß in Mittelestland der unterste Teil des Obolensandsteins noch dem allerobersten Teil der Olenusschichten entsprechen könnte. Demnach wäre hier auch eine primäre Sedimentationsunterbrechung im Mittel- und Oberkambrium wohl denkbar.

Im Westen ist der Blaue Ton auf Gotland erbohrt worden, im Osten kennt man ihn von der Karelischen Landenge und am Glint südlich des Ladogasees. Das südlichste Vorkommen ist Daugavpils (Dünaburg) (KRAUS), wo der Blaue Ton in einer Tiefe von 558 m erbohrt wurde und ebenfalls von Sandsteinen überlagert wird. Über eine weitere Verbreitung der Folge im Bereiche der Russischen Tafel wissen wir nichts (vgl. S. 117, s. v. B.).

Bei Tallin (Reval) ist das ganze Estonium 140–150 m mächtig, die Mächtigkeit dieser Schichtenfolge nimmt aber gegen Osten hin ständig zu, so daß bei Leningrad das Estonium 350 m ausmacht. Der ganze Blaue Ton ist hier fast 250 m mächtig.

Dabei sei erwähnt, daß den unteren Teil des Blauen Tones hier eine graue Tonfolge von 138 m Mächtigkeit bildet, welche als Laminaritenton bezeichnet wird. Die „Laminariten" sind papierdünne Zwischenlagen eines bituminösen, sapropelitartigen dunkleren Tones. Diese Schichten fehlen weiter im W.

Demnach ist es denkbar, daß auch im Osten oder Südosten zur Zeit der Ablagerung des Blauen Tones ein Abtragungsgebiet sich ausdehnte, welches neben Fennoskandia die entsprechenden Sedimente lieferte.

Das Ordovizium

Im einzelnen ist für das Ordovizium die folgende, von FR. SCHMIDT durchgeführte Gliederung üblich. Diese hat aber durch Arbeiten späterer Autoren (ÖPIK, ORVIKU) eine Wandlung erfahren, indem manche neue Stufe eingefügt, eine weitgehende Zonengliederung und eine Einteilung in vier Serien durchgeführt wurden. Die Mächtigkeit des ganzen Ordoviziums in Estland kann auf 200 m veranschlagt werden.

Gegen Osten hin steigt die Mächtigkeit beträchtlich. Bei Tschudowo ist das Ordovizium nach ASSATKIN 190 m mächtig, wobei an der Oberkante des erbohrten Profils die Kegelstufe auftritt. Demnach müssen die Asaphiden- und die Chasmopsfolge zusammen dreimal so mächtig wie bei Tallin sein. Die Darstellung erfolgt von unten nach oben.

I. Obolidenserie, dem Tremadoc gleichzustellen, 5–24 m mächtig.

A_{2a}. Obolussandstein (3–16 m mächtig).

Das wichtigste Leitfossil ist *Obolus apollinis*, ferner *Obolus triangularis*, *Keyserlingia buchi*, *Helmersenia panderi* und *Dictyonema flabelliforme*. Der Obolensandstein wird von ÖPIK in drei Zonen gegliedert, von denen die unterste eine eigentümliche Fauna (Acrotreten, Lingulellen) führt und vielleicht das oberste Oberkambrium darstellt.

A_3 Dictyonemaschiefer (0–6 m mächtig), mit *D. flabelliforme*, *D. norwegicum*, Conodonten, Lingulellen, *Acrotreta* u. a., enthält zwei Zonen (die *norwegicum*- und die *flabelliforme*-Zone).

$B_{1\alpha}$ Glaukonitsand (0,1–4 m mächtig), Conodonten, *Thysanotus siluricus*, *Lingulella lingulaeformis*, *Schizambon esthonia*.

$B_{1\beta}$ Primigeniuszone (0,1–0,5 m), oberster Glaukonitsand, z. T. Kalk (Mäekülazone ÖPIK).

Krattaspis viridatus, *Protopliomerops primigenius*, *Megalaspides schmidti*, *M. leuchtenbergi*, *Angusticardinia recta*, *Porambonites bröggeri*, mehrere *Plectella*-Arten, *Eoorthis christianiae* u. a.

Die Zone entspricht genau dem skandinavischen Ceratopygekalk und bildet somit den Abschluß des Tremadoc.

II. Asaphidenserie (10–25 m), (Tallinaserie = Revalsche Schicht von EICHWALD, entspricht etwa dem Arenig im weiteren Sinne).

Sie umfaßt die Schichten B_{II}, B_{III} und im wesentlichen auch C_1 von FR. SCHMIDT, wird in neun Zonen eingeteilt, von denen jede durch leitende *Asaphus*-Arten gekennzeichnet ist, und kann dem Arenig im weiteren Sinne gleichgestellt werden. Gegenüber der liegenden tremadocischen Obolidenserie, welche aus Sandsteinen und Schiefern aufgebaut ist, erscheint die Revalserie mit Ausnahme des Kalksandsteins von Rogö (westl. Estnische SSR) aus Kalksteinen und Dolomiten aufgebaut.

($B_{2\alpha}$ bzw. B_{II}), Glaukonitkalk = Megalaspiskalk (z. T. Wolchowstufe RAYMOND), im Liegenden schließt er sich lückenlos der Zone $B_{I\beta}$ („oberster Glaukonitsand", Zone mit *Protopliomerops primigenius*) an.

LAMANSKI unterscheidet hier drei Zonen, welche im Bereich des ganzen baltisch-ladogischen Glintes ihre Gültigkeit haben:

($B_{II\alpha}$) Dolomitische Glaukonitkalke der Zone des *Asaphus priscus* und *Megalaspis planilimbata*.

($B_{II\beta}$) Zone (resp. Glaukonitkalk) mit *Asaphus bröggeri*, *Megalaspis hyorrhina*.

($B_{II\gamma}$) Zone (Glaukonitkalk) mit *Asaphus lepidurus* und *Megalaspis gibba*.

Ferner sind aus den B_{II}-Zonen noch folgende Fossilien zu nennen, deren Häufigkeit und Artenzahl von unten nach oben zunimmt: *Megalaspis limbata*, *Ptychopyge angustifrons*, *P. cincta*, *Niobe laeviceps*, *Niobe lindströmi*, *Illaenus centrotus*, *Illaenus ladogiensis*, *Cyrtometopus clavifrons*, *Cybele bellatula*, *Conchoprimitia gammae*, *C. glauconitica*, *Eurychilina estonula*, *Tetradella grewingki*, *Ceratopsis bocki*, *Antigonambonites planus*, *A. costatus*, *Raunites janischewskii*, *Raunites venustus*, *Apomatella ingrica*, *Paurorthis parva*, *Productorthis obtusa*, *Porambonites reticulatus*, *Acritis antiquissimus*, *Mesocystis pusireffskii*, *Echinoencrinites angulatus*, *Dianulites petropolitanus*, *Dittopara annulata*, *Nicholsonella gibbosa*, *Endoceras glaukoniticum*, und eine Menge weniger bekannter Formen.

B_2b ($B_{III\alpha}$) und B_3 = ($B_{III\beta\gamma}$), Vaginatenkalk (im weiteren Sinne) in seinem Hauptteil als Kundastufe (RAYMOND) benannt. Auch diese Stufe wird in drei

Zonen von weiterer Verbreitung gegliedert, wobei die unterste, der Expansuskalk, auch in Skandinavien als solcher vorliegt.

$B_{III\alpha}$ Expansuskalk mit *Asaphus expansus* als weitverbreitete Leitform. Westlich Narwa fehlt diese Zone, einer etwa submarin entstandenen Lücke entsprechend.

$B_{III\beta}$ Zone mit *Asaphus raniceps*. Von Tallin (Reval) gegen Osten hin nimmt die Zone an Mächtigkeit zu. In der Umgebung von Tallin ist sie nur durch wenige Dezimeter bzw. Zentimeter vertreten. Im Westen wird der Kalk durch Sandstein und kukkersithaltigen Kalksandstein (Kalksandstein von Rogö) ersetzt. Wegen eines Gehaltes an Eisenooiden sind die *raniceps*-Schichten in der kalkigen Fazies z. T. als die „untere Linsenschicht" bezeichnet worden.

$B_{III\gamma}$ Zone mit *Asaphus eichwaldi*. Es ist der „echte" Vaginatenkalk Fr. Schmidts, so wegen des zahlreichen Auftretens von Nautiloideen benannt. Er ist im ganzen Bereich des baltisch-ladogischen Glintes ausgebildet. Die B_{III} -Folge ist artenreich. Von besser erforschten Fossilien sind zu nennen: *Asaphus acuminatus*, *A. lamanskii*, *Pseudasaphus globifrons*, *Megalaspis acuticauda*, *Megalaspis heros*, *Illaenus esmarcki*, *Illaenus revaliensis*, *Lichas celorrhin*, *L. verrucosus*, *Ceraurus ornatus*, *Pliomera fischeri*, *Cybele bellatula*, *Pterygometopus trigonocephala*, *Pterygometopus sclerops*, viele Ostrakodenarten, *Clitambonites adscendens*, *Antigonambonites aequistriatus*, *Progonambonites inflexus*, *Lacunarites arcuatus*, *Orthis calligramma*, *Ingria nefedjewi*, *Ingria pakriana*, *Aktiella baltica*, *Pseudocrania antiquissima*, *Lycophoria nucella*, *Endoceras vaginatum*, und zahlreiche andere Cephalopoden, *Raphistoma qualteriatum*, *Hyolithus acutus*, *Batostoma fertile*, *Dianulites petropolitana*, *Diplotrypa petropolitana*, *Dittopara colliculata*, *Hemiphragma irrasum*.

C_1 Echinosphaeritenkalk Fr. Schmidt (im weiteren Sinne), und zwar C_{1a} („obere Linsenschicht") = Dubowikistufe Raymond (z. T.) = Aseristufe Bekker (z. T.) und C_{1b} („Echter Echinosphaeritenkalk" Fr. Schmidt, Revalstufe Raymond z. T. = Tallinnastufe Bekker z. T.). Eingehende Studien (besonders Orviku 1940) haben hier eine andere Einteilung notwendig gemacht, da das Schema von Fr. Schmidt nur annähernd die Stratigraphie der Schichtenfolge widerspiegelt. Die Mächtigkeit der Schichten nimmt von Osten gegen Westen ab, da gegen Westen hin ein Auskeilen einzelner Bänke stattfindet, welches durch submarin entstandene Lücken (Korrosions- und Ablutionsflächen) zustande kommt. Die ganze C_1-Folge ist in vier Fossilzonen gegliedert worden, von denen die unterste ($C_{1\alpha}$) vielleicht sich dem Vaginatenkalk angliedern lassen wird, während die Zone $C_{1\gamma}$ den Beginn der Chasmopszeit ankündigt. Die Gesteine sind Kalksteine, Dolomitkalksteine, mergelige Kalksteine. Die Gliederung gilt in erster Linie für die Estnische SSR, obwohl östlich Narwa und bis zum Ladogasee mit noch vollständigeren Profilen zu rechnen ist.

$C_{1\alpha}$ Zone mit *Asaphus pachyophthalmus minor* und *Megalaspis rudis*. Es ist die basale Zone des Echinosphaeritenkalkes, kann aber auch als der Abschluß von B_{III} gelten.

$C_{1\beta}$ Zone mit *Asaphus platyurus* var. *laticauda* und *Asaphus cornutus*. Es tritt hier zum ersten Male *Echinosphaeritus aurantium* auf. Die Zone entspricht annähernd der Aseristufe verschiedener Autoren, und im Osten kann sie noch in drei Subzonen eingeteilt werden.

$C_{1\gamma}$ Zone mit *Asaphus ornatus* und *Asaphus devexus*. Bankige, z. T. dolomitisierte Kalksteine, individuenarm und artenreich, etwa dem „Echten" Echinosphaeritenkalk von Fr. Schmidt und der Revalstufe (Raymond) oder Tallinnastufe

BEKKER entsprechend. Echinosphaeriten sind hier bis jetzt nicht nachgewiesen worden. Ostrakoden fehlen ebenfalls ganz. Die Fauna ist ungenügend bekannt. Aus den drei eben besprochenen Zonen können noch folgende Fossilien genannt werden, deren Zonenzugehörigkeit noch leider ungenau bekannt ist. *Asaphus cornutus holmi, Asaphus kowalewskii, Asaphus laevissimus, Ogygites lawrowi, Ceraurus gladiator, Ceraurus macrophthalmus, Cybele revaliensis, Illaenus ariensis, Illaenus chiron, Illaenus sinuatus, Hoplolichas furcifer, Illaenus tauricornis, Lichas hübneri, Pterygometopus panderi, Clitambonites adscendens, Christiania oblonga* u. a.

Obwohl noch im Hangenden Asaphiden auftreten und sogar Leitformen abgeben, soll hier die Asaphidenserie abgeschlossen werden. In der folgenden ($C_{1\delta}$) Zone nämlich erscheint eine neue, sehr reiche Fauna mit der Trilobitengattung *Chasmops* an der Spitze, weshalb dieser dritte Abschnitt des Ordoviziums als Chasmopsserie bezeichnet werden kann.

III. Chasmopsserie. (Entspricht dem Llandeilo und dem unteren Caradoc), etwa 45–50 m mächtig.

$C_{1\delta}$ Uhakustufe oder Zone mit *Caryocystites aranea*, etwa 5 m mächtig. Diese Schichten wurden von älteren Autoren dem ,,Echinosphaeritenkalk" zugerechnet und ihre Selbständigkeit ist lange verkannt gewesen. Der größte Teil der in der Literatur aus dem Echinosphaeritenkalk angegebenen Fossilien stammt aus diesen Schichten. Das Gestein ist ein dünnplattiger, z. T. mergeliger Kalkstein. Wegen submariner Korrosion muß auch hier im Westen mit dem Ausfall einiger Teile der Zone gerechnet werden.

Im Hangenden geht die Stufe in die Kukkersitstufe (C_2) über, den Übergang bilden mehrere Meter mergeliger und knolliger kukkersitführender Kalksteine, die nur aus Bohrungen bekannt wurden und daher paläontologisch noch unerforscht sind.

Die Fauna der Uhakustufe ist nur teilweise bekannt: *Asaphus nieszkowskii, Pseudasaphus globifrons, Illaenus crassicauda, Ceraurus exul, Hoplolichas conicotuberculatus, Chasmops odini, Chasmops praecurrens, Leperditella semen, Conchoprimitia tallinnensis, Eurychilina kukersiana, Tallinnella dimorpha, Ceratopsis perpunctata, Tetradella calkeri, Kiesowia pernodosa, Uhakiella coelodesma, Steusloffia rigida, Clitambonites squamatus, Vellamo simplex, Estlandia marginata, Plectambonites radiatus, Plectambonites planissimus, Plectambonites aranea, Palaeostrophomena concava, Leptestia humboldti, Leptestia musculosa, Glossorthis tacens, Platystrophia biforata, Rafinesquina dorsata, Porambonites kukkersensis, Porambonites aequirostris, Dianulites fastigiatus, D. petropolitanus, Diplotrypa petropolitana, Hemiphragma maculatum, Hemiphragma panderi, Orbipora distincta, Hoplocrinus grewingki, Echinosphaerites aurantium,* zahlreiche Gastropoden, Cephalopoden u. a.

C_2–C_3 Kukkersstufe, bis 19 m mächtig, umfassend die Kukkerssche Schicht (C_2) und die Itfersche Schicht (C_3) von FR. SCHMIDT. Gliederungsversuche sind von H. BEKKER und A. ÖPIK unternommen worden. Die zu unterscheidenden Zonen aber haben ihre Gültigkeit nur im Bereiche des produktiven Brandschiefers, daher kann hier auf ihre Darstellung verzichtet werden. Man unterscheidet eine normale Fazies aus Kalksteinen und mergeligen Knollenkalken mit wenig Kukkersit und dessen dünnen Einlagerungen und eine produktive Kukkersitfazies mit kukkersithaltigen sogenannten ,,bituminösen" Kalksteinen und abbauwürdigen Kukkersitlagen. Innerhalb des Faziesgebietes weisen die einzelnen Schichten eine auffallende

Beständigkeit auf. Das wichtigste Vorkommen des Brennschiefers liegt in NW-Estland, außerdem sind Vorkommen bei Weimarn und Gdow und im Osten bei Tschudowo bekanntgeworden. Der früher für einen Sapropelit erklärte Brennschiefer wird jetzt von KREJCI-GRAF als ein Kerogengestein bezeichnet. Das brennbare Mineral – Kukkersit – ist ursprünglich eine marine Alge, die *Gloeocapsamorpha prisca* ZALESSKY. Der Brennschiefer selbst kann als Kerogenmergel bezeichnet werden. Die Schichten sind marin und küstenfern in Halistasen entstanden, wobei durch den Algenreichtum als Nahrungsquelle das üppige Tierleben zu erklären ist. Bis jetzt sind etwa 350 Arten bekanntgeworden, doch ist die Fauna damit noch nicht erschöpft. Dem Alter nach entspricht die Kukkersitstufe dem älteren Chasmopskalk Skandinaviens, dem Llandeilian in England und dem Blake River Amerikas.

Aus der Faunenliste wären zu erwähnen: *Asaphus nieszkowskii, Asaphus robergi, Asaphus fennicus, Pseudasaphus globifrons, Ogygites kukkersianus, Hoplolichas conicotuberculatus, Lichas wimani, Lichas kukkersianus, Ceratocephala kukkersiana, Pharostoma nieszkowskii, Proetus zalesskyi, Chasmops odini, Pterygometopus exilis, Ceraurus aculeatus, Reraspis plautini, Nieszkowskia capitalis, Nieszkowskia ahti, Cybele xiphere, Cybele coronata, Cybele rex, Conchoprimitia tolli, Eurychilina kukkersiana, Eurychilina decumana, Chilobolbina dentifera, Ceratopsis platyceras, Ceratopsis obliquejugata, Ctenonotella elongata, Piretella margaritata, Tetradella calkeri, Clitambonites squamatus, Clitambonites schmidti, Vellamo pyramidalis, Estlandia marginata, Kullervo panderi, Hesperorthis inostranzefi, Schizoramma freija, Cyrtonotella kukkersiana, Glossorthis tacens, Dalmanella navis, Leptestia musculosa, Leptelloidea leptelloides, Leptelloidea musca, Sowerbyella liliifera, Strophomena orta, Leptaena trigonalis, Rafinesquina dorsata, Cliftonia dorsata, Porambonites deformatus, Porambonites bauri, Porambonites teretior, Porambonites laticaudatus, Anolotichia brevipora, Chasmatopora furcata, Diplotrypa bicornis, Graptodictya bonnemai, Hemiphragma panderi, Homotrypa subramosa, Mitoclema mundulum, Pachydictya cyclostomoides, Protocrisina ulrichi, Pseudohornera bifida, Stellipora revaliensis, Echinosphaerites aurantium* var., *Cystoblastus kokeni, Cheirocrinus granulatus, Hoplocrinus grewingki, Hoplocrinus tallinnensis, Achtioconcha auris, Cymbularia galeata, Holopea eichwaldi, Lophospira elliptica, Lophospira inflata, Lophospira raudi, Subulites revaliensis, Kokenospira retifera, Climacograptus bekkeri, Hormograptus sphaericola, Coelosphaeridium kohtlense* u. a.

Für die C_3-Schichten (Itfer) gelten als Leitformen: *Asaphus itferensis, Chasmops, wrangeli, Conolichas triconicus.*

D_1. Jewesche Stufe (etwa 13 m mächtig). Dünnplattige bis bankige, mergelige Kalksteine, im ganzen Ostbaltikum verbreitet.

ASSATKIN beschreibt östlich der Narwe eine dem unteren Teil der Jeweschen Stufe sich anschließende Folge, welche er mit C_4 und resp Spongienschichten bezeichnet. Da aber auch in der Estnischen SSR in den unteren Schichten der Jeweschen Stufe Spongien auftreten und die übrige Fauna die gleiche ist, so scheinen die Spongienschichten eine Fazies der unteren D_1-Schichten zu sein. Die Fauna der unteren Schichten der Jeweschen Stufe ähnelt in vieler Hinsicht den Kukkersitschichten, auch finden sich hier noch Einlagerungen von Kukkersit. Demgegenüber steht die abweichende Fauna höherer Lagen, was zur Grundlage einer Zonengliederung dienen wird. Die Fossilien sind in der Jeweschen Stufe mehr oder weniger verkieselt, was wohl mit der Häufigkeit von Spongienresten im Zusammenhang steht.

An Fossilien werden häufiger genannt: *Asaphus jewensis, Chasmops marginata, Chasmops bucculenta, Chasmops wenjukowi* (in oberen Schichten), *Cybele grewingki, Cy-*

bele kutorgae, Platylichas st.-mathiae, Illaenus jewensis, Hemisphaerocoryphe pseudohemicranium, Clitambonites schmidti epigonus, Clinambon inflatus, Kullervo aluverensis, Parambonites schmidti, Parambonites wahli, Batostoma granulosum, Constellaria varia, Diplotrypa moniliforme, Eridotrypa aedilis, Hallopora splendens, Rhombopora esthoniae, Hoplocrinus estonus, Ristnacrinus marinus, Protocrinites oviformis, Bothriocidaris pahleni, Temnodiscus accola, Lophospira estona, Aulocopium sp., *Hyalostelia subulare, Mastopora concava,* erste Korallen (*Streptelasma* sp.)

D_2 Kegelsche Stufe (10 m mächtig). Dünnbankige Kalksteine, mergelige Knollenkalke, im Osten Dolomite.

Asaphus kegelensis, Ogygites kegelensis, Leiolichas illaenoides, Conolichas schmidti, Homolichas deflexus, Reraspis rosenthali, Chasmops maxima, Vellamo emarginata, Vellamo magna, Clinambon anomalus, Estlandia pyron silicificata, Strophomena assmussi, Porambonites ventricosus, Mesotrypa egena, Stigmatella massalis, Eridotrypa aaedilis, Dittopora colliculata, Rhinidictya exserta, Hallopora tolli, Cyclocrinites spasskii.

D_3 Wasalemm- (in Westestland) und Oandustufe (östlich Tallin und bis in die RSFSR hinein). Die Kalksteine von Wasalemm (etwa 12 m) wurden früher als eine lokale Fazies der Kegelstufe angesehen. Es sind dickbankige, grobkörnige Kalke, fast ausschließlich aus Pelmatozoenresten aufgebaut (Crinoiden- bzw. Cystideen- bzw. „Trochiten"-Kalke), welche kleinere Bryozoenriffe führen. Die Oandustufe dagegen stellt die normale Fazies dar und ist aus überaus fossilreichen plastischen Tonen mit Mergellagen und Kalken aufgebaut und erreicht eine Mächtigkeit von 2 m.

Die Fauna der beiden Fazies unterscheidet sich beträchtlich von der Fauna der liegenden Kegel- und der hangenden Wesenbergstufe und besteht vorwiegend aus Bryozoen, Brachiopoden und Ostracoden. Trilobiten treten zurück.

Von Fossilien sind zu nennen: *Chasmops musei, Vellamo oandiensis, Ilmarinia dimorpha, Camarella* sp., *Rhynchotrema* sp., *Crepipora incrassata, Stictoporella cribrosa, Phyllodictya varia, Sceptropora francisca, Homotrypa similis, Homotrypella cribrosa, Dekayella praenuntia simplex.* In der Wasalemmfazies kommen *Stromatopora,* Einzelkorallen, *Hemicosmites, Solenopora spongioides* usw. hinzu.

IV. Isotelusserie (etwa 100 m mächtig).

Entspricht etwa dem oberen Caradoc und dem Ashgillian. Obwohl hier noch zwei Chasmopsarten bekanntgeworden sind, soll dem Auftreten neuer Gattungen, wie *Isotelus, Encrinurus,* der *Euargetinae* u. a. der Vorzug gegeben werden, desgleichen dem nun folgenden Aufblühen der Korallen.

E. Wesenberg- (Rakvere-) Stufe (bis 12 m).

Dichter gelblicher oder bläulicher bankiger Kalkstein von lithographischem Aussehen mit dünnen Zwischenlagen von Mergel und Ton.

Isotelus remigium, Proetus wesenbergensis, Homolichas eichwaldi, Hemiarges wesenbergensis, Pharostoma nieszkowskii, Ceratocephala viruana, Encrinurus seebachi, Reraspis sexermis, Sphaerocoryphe atlantiades, Chasmops wesenbergensis, Vellamo wesenbergensis, Omniella wesenbergensis, Crepipora lunatifera, Anolotichia rhombica, Pachydictya elegans, Hallopora goodhuensis, Hallopora wesenbergiana, Murchisonia insignis, mut., *Billingsites* sp., *Protarea* sp., mehrere *Cyclocrinites*-Arten usw.

F_1 Lyckholmstufe (Stufenfolge).

Fr. Schmidt teilte die Folge in eine untere (F_{1a}) und eine obere (F_{1b}) ein. Während früher die Mächtigkeit der Lyckholmstufe auf 20–25 m geschätzt wurde, hat sich bei neuen Bohrungen gezeigt, daß die ganze Folge 85–88 m ausmacht, also der Gesamtmächtigkeit des übrigen Ordoviziums gleichkommt. Von Gesteinen treten vorwiegend mergelige Knollenkalksteine (im oberen Teil) und eine Wechsellagerung derselben mit mächtigen Lagen dichter Kalksteine vom Rakvere- (Wesenberg-) Typus auf. Daneben ist auch eine Dolomitisierung recht verbreitet. Die Überprüfung der mehrere hundert Arten umfassenden Fauna zeigt, daß diese in keiner Weise gleichmäßig über die ganze Folge verteilt sind, sondern daß hier mehrere Stufen mit ausgeprägten Faunenunterschieden vorliegen. Die meisten von KOKEN beschriebenen Gastropoden und die von TROEDSON und TEICHERT beschriebenen Cephalopoden gehören zu den oberen Stufen der Folge, dasselbe gilt auch für die Korallen. Die von FR. SCHMIDT beschriebenen Trilobiten gehören in vielen Fällen den tieferen Teilen der Lyckholmschichten an.

Isotelus platyrachis (F_{1b}), *Isotelus robustus, Harpes wegelini, Scutellum laticauda* (F_{1b}), *Illaenus roemeri, Illaenus maskei, Amphilichas lineatus* (F_{1a}), *Platylichas docens, Platylichas hamatus, Amphilichas laevis* (F_{1a}), *Encrinurus multisegmentatus, Sphaerocoryphe granulata, Chasmops eichwaldi, Pitetella acmaea, Vellamo verneuili, Ilmarinia sinuata, Kullervo complectens, Barbarorthis foraminifera* (F_{1b}), *Boreadorthis crassa, Boreadorthis sadewitzensis, Nicolella actoniae, Dinorthis solaris, Sowerbyella* cf. *rhombica, Rafinesquina semipartita, Triplecia insularis, Porambonites gigas, Sampo hiiensis, Graptodictya proava, Stellipora constellata, Dianulites collifera, Pteroteca estona, Pteroteca macroderma, Subulites gigas, Lophospira aista, Eunema rupestre, Holopea ampullacea, Endoceras megastoma, Discoceras antiquissimum, Nybyoceras bekkeri, Protophragmoceras sphinx, Leurocycloceras foerstei, Ormoceras bekkeri, Diestoceras stensjöi, Billingsites deforme,* u. a. m., *Halysites catenularia, H. escharoides, Heliolites dubius, Plasmopora conferta, Lindströmia dalmani, Syringophyllum organon, Aulocopium cepa, Astylospongia praemorsa.*

Mit der Lyckholmfolge schließt das Ordovizium im Baltikum ab. Nach dem Vorbild von FR. SCHMIDT wurde früher die Borkholmstufe als ordovizisch (untersilurisch) betrachtet, doch sie gehört eher ins Llandovery, wie unten noch ausgeführt werden soll.

Epirogenese im Baltikum während des Ordoviziums

Die tiefsten Schichten des Obolensandsteins ($A_{2\alpha}$, untere *Acrotreta-Lingulella*-Zone ÖPIK) beschränken sich auf Mittelestland, woraus man ersieht, daß das Meer anfangs in meridionaler Richtung einbricht. In der folgenden Zeit breitet es sich nach Westen und Osten aus. Die Sandsteine und Schiefereinlagerungen der obersten Zone des Obolensandsteins sind schon im ganzen Ostbaltikum verbreitet, und hier erscheint auch die kosmopolitische Art *Dictyonema flabelliforme*. Der weitere Gang der Transgression spiegelt sich im Fazieswechsel wider, indem die einander ablösenden Gesteinsfazies in der Reihenfolge: Sandstein – pelitischer Dictyonemaschiefer – Glaukonitsand – Karbonatgesteine eine unzweideutige Abnahme der terrigenen Bestandteile zeigen. Nur bei Narwa, in einer Breite von höchstens einigen zehn Kilometern und vielleicht meridional verlaufend, bleibt bis zum Beginn der *Megalaspis*-Zeit eine Schwelle bestehen, auf welcher der *Dictyonema*-Schiefer und sogar der Glaukonitsand im bewegten Wasser nicht zum Absatz kommen können.

Zur *primigenius*-Zeit ($B_{I\beta}$) ist auch diese Untiefe versunken. Wie KRAUS berichtet, fehlt auch in der Bohrung von Daugavpils (Dünaburg) der *Dictyonema*-Schiefer, und auch ein Obolensandstein war nicht zu erkennen. Leider sind hier keine Deutungen möglich, da auch in der Estnischen SSR der Obolensandstein in manchen Profilen recht arm an Obolen sein kann. Auch könnte der *Dictyonema*-Schiefer bei Daugavpils (Dünaburg) durch eine sandige Fazies vertreten sein. Die über dem Blauen Ton auftretenden Sandsteine in dieser Bohrung, rund 22 m mächtig, könnten ja im oberen Teil zum Ordovizium gehören. Auch betreffend des Fehlens von Glaukonitsand in diesem Profil kann nichts Bestimmtes geäußert werden, da derselbe durch die tonigen Kalkmergel an der Basis des Megalaspiskalkes vertreten sein könnte. In der folgenden Asaphidenzeit treten im Westen des Gebietes wiederholt Korrosions- und Ablutionslücken unter Ausfall von Zonenteilen und ganzen Zonen auf, wobei diese Lücken von Osten gegen Westen hin schrittweise zunehmen. Es sind aber zum größten Teil keine Emersionslücken, sondern subaquatisch entstandene Auflösungserscheinungen von Karbonatgesteinen. Die Ursache kann in Verlagerungen der Meeresströmungen liegen, im Zusammenhang mit andernorts erfolgten Bewegungen des Meeresbodens. Allerdings könnte im westlichen Küstengebiet der Rogökalksandstein (*Asaphus raniceps*-Zone, $B_{III\beta}$) in Verbindung mit dem Ausfall des Expansuskalkes neben einer zweifellosen Verflachung auch stellenweise eine zeitweilige Emersion anzeigen. Dieser Verflachungstendenz in Westestland begegnen wir nochmals in der Wasalemmfazies (D;), wo sogar Diagonalschichtung und Wellenfurchen gelegentlich zu beobachten sind. Auch ist ähnliches für die unterste Stufe der Llandovery, für den Borkholmkalk in Westestland anzunehmen.

Diese vorübergehenden und auf den Westen beschränkten Anzeichen einer Emersionstendenz ändern nichts am Bilde der fortschreitenden ordovizischen Transgression, welche sich besonders in einem zunehmenden Faunenausgleich bemerkbar macht. Zum Schluß der Tremadocs und in der Asaphidenzeit kann von einer einheitlichen skandinavisch-baltischen Fauna gesprochen werden. In der folgenden *Chasmops*-Zeit besteht schon ein Faunenaustausch mit Amerika über das Polargebiet, wovon uns die praktisch identen Bryozoenfaunen (ÖPIK) überzeugen. In der *Isotelus*-Serie, besonders in der Lyckholmfolge, treffen wir Faunenelemente, welche eine Verbindung mit dem Girvangebiet, mit Antikosti u. a. wahrscheinlich machen. Eine Verbindung mit Südostasien muß schon zur Asaphidenzeit vorhanden gewesen sein.

Wie weit das baltische Ordovizium gegen Osten verbreitet war, kann nicht sicher ermittelt werden. Östlich des Peipussees ist jedenfalls noch mit dem Vorhandensein der unteren Hälfte der Lyckholmstufe zu rechnen, und zwar in einer estländischen küstenfernen Fazies. Demnach muß die Heraushebung des Landes östlich des Tschudskoje- (Peipus-) Sees zur unterdevonischen Zeit größer gewesen sein als im Westen, da im Osten die Abtragung bis in tiefere Lagen hinabreicht (Ober-Lyckholm), während im Westen auch das Gotlandium noch verschont geblieben ist.

Das Gotlandium

Das Gotlandium ist in der Estnischen SSR nur im Westen des Festlandes und auf den estnischen Inseln aufgeschlossen, weiter im Süden ist es in der Lettischen SSR bei Daugavpils und ferner bei Wilnjus (Wilna) erbohrt worden. Östlich des Tschudskoje- (Peipus-) Sees fehlt das Gotlandium. Die Zonenfolge ist, soweit man heute feststellen kann, lückenlos und vollständig und umfaßt die Spanne vom untersten Llandovery bis zum obersten Ludlow. Ob die Ohesaarestufe, das jüngste Glied des Gotlandiums von Saaremaa (Ösel) schon dem Downton zuzurechnen ist, erscheint fraglich[1]. Die Ausbildung ist durchweg karbonatisch. Die Mächtigkeit des ganzen Gotlandiums beträgt rund 220 m.

Llandovery.

F_2 Borkholmstufe, 10 m mächtig. In Ostestland ist die Stufe durch dickbankige, weiße, hellgraue oder gelbliche Kalke und Dolomite mit Korallen und kleineren Korallen- und Stromatoporenriffen vertreten. Der obere Teil ist ein weißer Quarzsandstein von geringer Mächtigkeit. In Mittelestland treten dagegen dunkelgraue, z. T. dünnplattige Stinkkalke mit Mergelzwischenlagen, reich an Ostrakoden und Bryozoen auf. Im Westen des estnischen Festlandes scheint die Stufe entweder ganz zu fehlen oder so geringmächtig zu sein, daß ihr oberflächliches Auftreten wegen Mangel an Aufschlüssen im Gelände nicht auffindbar ist. Auf der Insel Vohilaid bei Hiumaa (Dagö) erscheint sie wieder in Gestalt dünnplattiger heller Kalke, überreich an *Rafinesquina expansa*. Das Verschwinden der Borkholmstufe im Westen des Festlandes steht räumlich mit derselben Erscheinung innerhalb älterer ordovizischer Stufen in Zusammenhang: die schwache Hebungstendenz Westestlands ist also noch zu Beginn des Gotlandiums spürbar.

Die Stufe wurde, dem Vorbilde Fr. Schmidts folgend, gewöhnlich dem Ordovizium zugeteilt. Den Grund dazu gab wohl das Vorhandensein reliktischer ordovizischer Brachiopodengattungen in der Borkholmstufe, was aber wohl mit der lückenlosen Kontinuität des ordovizisch-gotlandischen Meeres erklärt werden kann. Die Fülle gotlandischer Korallen, die Trilobiten, Bryozoen (*Sceptropora facula* z. B.), zeugen von einem gotlandischen Alter der Schichten. Das Hangende der Borkholmstufe ist die Jördenstufe, in welcher neuerdings *Stricklandinia lens* entdeckt wurde, so daß diese Stufe den Abschluß des unteren Llandovery, Borkholm aber den Beginn des letzteren bildet. Somit besteht keine Zonenlücke zwischen dem Gotlandium und Ordovizium im Ostbaltikum, eine solche ist ja auch in den Profilen nicht angedeutet. In den oberen Stufen der ordovizischen Lyckholmfoge wäre dann das Äquivalent der norwegischen Et. 5 (*Meristella crassa*) zu suchen.

Proetus ramisulcatus, Platylichas margaritifer, Platylichas vultuosus, Honeilobargas memoranus, Trochurus mastocephala, Vellamo silurica, Ilmarinia ponderosa, Rafinesquina expansa, Leptaena acutiplicata, Atrypa ? undifera, Bekkerella bekkeri, Phaenopera ensiformis, Ptilodictya? flabellata, Sceptropora facula, Glauconome strigosa, Lichenalia

[1] Die stratigraphische Selbständigkeit des Downton ist ja heute überhaupt zweifelhaft.

concentrica, Fenestella striolata, Helicotoma superba, Straparollus borkholmensis, Murchisonia meyendorfi, Tryblidium esthonum, Pholidophyllum tubulatum, Coelophyllum amalloides, Cyathophyllum middendorfi, Palaeofavosites asper.

Die folgenden Stufen des Llandovery werden sich wohl mit der Zeit in durchgehende Zonen aufspalten lassen. Eine Gliederung ist von TEICHERT und später von ROSENSTEIN versucht worden, doch sind die Untersuchungen noch nicht abgeschlossen und werden hier daher nicht besprochen.

G_1 Jördenstufe (13 m). Zum Teil mergelige Kalke und Dolomite. Stratigraphisch wichtig ist die in letzter Zeit gefundene und nicht seltene *Stricklandin ia lens*, das bis jetzt im Ostbaltikum vermißte Zonenfossil des unteren Llandovery Norwegens und Englands. Die nur 13 m messende Jördenstufe soll aber nicht der ganzen *Stricklandinia-lens*-Stufe (Et. 6) Norwegens gleichgestellt werden, welche aus drei Zonen besteht und etwa 100 m mächtig ist; die Jördenstufe geht nämlich lückenlos in die hangende *borealis*-Stufe über, so daß in ihr offenbar nur der obere Teil der *Stricklandinia-lens*-Schichten vorliegt. Da eine Sedimentationslücke zwischen der Jördenstufe und dem liegenden Borkholmkalk auch nicht nachzuweisen ist, so liegt darin eine weiterer Grund, um die Borkholmkalksteine für den unteren Teil der *lens*-Folge zu halten.

Da die übrige Fauna, aus wenigen Trilobiten, mehreren Ostracoden, Brachipoden, Korallen und Stromatoporen bestehend, für eine richtige stratigraphische Verwertung überprüft werden muß, soll hier auf weitere Angaben verzichtet werden.

G_2 Tamsalstufe bzw. Borealisstufe (etwa 12 m mächtig). Kalk mit *Pentamerus borealis*. In Westestland sind hier Kalksteine mit Wellenfurchen bekannt geworden.

Pentamerus borealis, in gesteinsbildender Menge, *Encrinurus kiltsiensis*, Bryozoen Korallen, Stromatoporen.

G_3 Raiküllstufe, 30 m. *Lepe:ditia keyserlingi*, *Ptilodictya lanceolata*, *Climacograptus estonus*, ferner Trilobiten, Ostracoden, Brachiopoden, Bryozoen, Crinoiden, Korallen und Stromatoporen, deren Bestand überprüft werden muß.

H.-Adaferstufe (bzw. *estonus*-Kalk), etwa 40 m mächtig, Kalksteine, mergelige Kalksteine und Dolomite.

Encrinurus rumbaënsis, Encrinurus pilistverensis, Scutellum estonicum, Calymene frontosa, Illaenus livonicus, Illaenus proles, Leperditia hisingeri et var., *Pentamerus estonus, Pentamerus oblongus, Stricklandinia lirata*, mehrere andere Brachiopoden, Stromatoporen usw.

In fazieller Hinsicht hat das Llandovery in Estland eine ziemlich mannigfaltige Zusammensetzung. Mergelige Kalke, kristalline grobe Kalke, dichte Kalke und Dolomite, fossilleere Folgen und von Versteinerungen überfüllte Schichten wechseln in vertikaler und horizontaler Richtung wiederholt miteinander ab. Unter der nicht allzureichen Fauna sind es die Korallen, Bryozoen und insbesondere Brachiopodenarten (*Pentamerus borealis* und *estonus*), welche geradezu gesteinsbildend auftreten können. Auch Verflachungserscheinungen sind gelegentlich zu beobachten, so die Wellenfurchen im Borealiskalk von Rohukula südlich Haapsalu (Hapsal). Andererseits verlaufen in Ostestland die Ausstriche der Stufen nicht mehr in W–O, wie das für das Ordovizium die Regel ist, sondern sie schwenken im Bogen nach Südosten ab, und diese Stufen sind daher jenseits des Tschudskoje-(Peipus-) Sees in den Bohrungen nicht mehr angetroffen worden. So entsteht der Eindruck einer beginnenden Emersion im Osten, welche einer Verflachung des Meeres in Estland entspricht. Ob diese Emersion schon jetzt eine Abtragung bereits abgelagerter Stufen des Ordoviziums und des frühen Llandovery einleitete, ist nicht zu ermitteln. Die auftauchenden Karbonatgesteine konnten ja nur ähnliche, karbonatische Sedimente liefern. Das Ausbleiben von Merkmalen einer nahen Küste (Sande, Konglomerate usw.) kann also in diesem Falle nicht zur Entscheidung der Frage herangezogen werden. Eine Lösung der Frage ist nur von einer genauen sedimentpetrographischen und fazieskundlichen Untersuchung des Llandovery im Ostbaltikum zu erwarten.

Was hier über das Abschwenken der Stufenköpfe des Llandovery des Festlandes gegen Südosten gesagt wurde, tritt noch in verstärktem Maße im Verlauf der jüngeren Gotlandstufen hervor. Dem Llandovery folgt die Ösel-Schichtengruppe, deren Mächtigkeit auf 220–250 m zu schätzen ist und dem Wenlock und Ludlow entspricht.

Wenlock.

Wenlock ist durch die sogenannte Untere Öselgruppe vertreten. Die Schichten dieser Gruppe nehmen den Nordteil der Insel Saaremaa (Ösel), die Inseln Muhu (Moon) und Kesselaid ein und setzen sich auf dem Festlande etwa von der Bucht Matsal bis zum Mittellauf des Pärnu- (Pernau-) Flusses fort, wo sie vom devonischen Altrotsandstein überdeckt werden.

Das ganze Gotlandium auf Saaremaa (Ösel) streicht etwa SW–NO, bzw. WSW–ONO, was mit dem Streichen auf Gotland übereinstimmt. Auf dem Festland aber verläuft der Nordrand des Gotlandiums im Bogen gegen SSO und SO und divergiert hier deutlich von der hangenden *estonus*-Stufe. Somit besitzt das Wenlock nur ein kleines Areal im Westen der Estnischen SSR, so daß sich hier der im Llandovery angedeutete Rückzug weiter geltend machte.

Neue Beobachtungen über die Stratigraphie Unterösels hat A. LUHA veröffentlicht, dem wir im wesentlichen folgen.

J Unteröselgruppe F. S. SCHMIDT, St. Johannis bzw. Jaanistufe TWENHOFEL, BEKKER. BEKKER hat sie in drei Zonen gegliedert, von denen die beiden oberen von LUHA wieder zusammengefaßt wurden, und zwar:

J_1 Jaanimergel (St.-Johannismergel). Auf Nordsaaremaa (-Ösel) sind es bläulichgraue mergelige Kalksteine, östlicher auf Muhu (Moon) und dem Festlande aber Dolomite. Die östliche dolomitische Fazies ist fossilarm. An Versteinerungen können genannt werden:

Encrinurus punctatus, Proetus concinnus osiliensis, Bumastus barriensis, Calymene tuberculata, Otarion elegantulus, Beyrichia buchiana nutans, Paraechmina spinosa, Bythocypris symmetrica, Bilobites bilobus, Dalmanella (*Paurorthis*) *visbyensis* (die bis jetzt irrtümlich immer für *Dalmanella elegantula* gehalten wurde), *Dolerorthis rustica osiliensis, Leptaena rhomboidalis, Strophonella euglypha, Sowerbyella transversalis, Wilsonia wil-*

soni, Atrypa reticularis, Spirifer crispus, Monotrypa gotlandica, Horiostoma discors, Platyceras cornutum, Kionoceras cf. *strix, Cyrtoceras superbum, Cyrtoceras elongatum, Alveolites labechei, Clathrodictyon regulare, Coenites labrosus, Thecia swindernana, Dictyonema crassibasale, Dictyonema desmoides, Thallograptus cervicornis, Monograptus* cf. *priodon* u. a. m.

J_2 Im Westen von Saaremaa (Ösel) J_2W, Pangamägi-Jaagarakukalke. Im Osten Saaremaas (Ösels) und auf dem Festlande J_2O, der Dolomitkomplex von Muhu (Moon) und Kesselaid (LUHA 1930). Wie in der liegenden St.-Johannis-Stufe, so ist auch hier die östliche dolomitische Fazies ärmer an Versteinerungen als die westliche, was vielleicht mit dem oben vermuteten Rückzug des Meeres von Osten gegen Westen bzw. Südwesten zusammenhängen könnte. Riffbildungen sind verbreitet. Der Fossilinhalt ist bedeutend kleiner als in J_1, auch wiederholen sich die Arten, so daß gegenüber J_1 kein leitendes Fossil genannt werden kann.

Ludlow.

Ludlow ist im Ostbaltikum durch die Oberöselschichtengruppe (K) FR. SCHMIDTS vertreten. Die unterste Stufe dieser Gruppe (K_1), die *Eurypterus*-Schichten, ist noch möglicherweise auf dem Festlande westlich Pärnu (Pernau) vorhanden, die oberen dagegen sind nur auf Saaremaa (Ösel) im Süden der Insel entwickelt. Dieses Verhalten des Ludlow ergänzt das Bild des für das ganze Gotlandium Estlands geltenden Zurückweichens der Stufen nach Westen in abnehmender Altersreihenfolge. BEKKER gliederte die Ludlowfolge Saaremaas (Ösels) in vier Zonen, was allgemein anerkannt wird. Weitere Beiträge zur Stratigraphie lieferten HOPPE und LUHA. Die paläontologischen Untersuchungen beschäftigten sich vorwiegend mit den Vertebraten.

K_1 Rootsiküla-Kaarma-Zone, bzw. die *Eurypterus*-Schichten. Dickbankige, feingeschichtete mergelige Dolomite und Kalke, nach oben in eine Wechsellagerung von Kalksteinen, Tonen und Mergel übergehend. Salzkristallhohlräume, Trockenrisse, gelegentliche interformationale Aufspülungskonglomerate zeugen von einer weitflächigen Hebung und örtlichen Emersion. Auch hier nehmen gegen Osten hin die Dolomite überhand, wobei gleichzeitig der Fossilreichtum abnimmt. Die Fauna besteht aus wenigen Wirbellosen und einer Fülle von Merostomen und Vertebraten. Die Sedimente machen den Eindruck einer z. T. sekundären, klastogenen Herkunft, sind also vielleicht aus dem Abtragungsmaterial von Karbonatgesteinen entstanden. Auch von den Resten der Merostomen und Fische wird von mancher Seite angenommen, daß sie in das lagunäre Gebiet des K_1 z. T. eingeschwemmt worden sind.

Thyestes verrucosus, Tremataspis schrenki, Tremataspis simonsoni, T. schmidti, T. mickwitzi, ferner die von PATTEN entdeckten und von ROBERTSON beschriebenen neuen Gattungen *Dartmuthia, Oeselaspis, Rotsiküllaspis, Saaremaaspis, Witaaspis, Phlebolepis elegans* (in prachtvoller Erhaltung), Schuppen verschiedener Art (*Coelolepis, Rytidolepis* u. a.), *Eurypterus fischeri, Eurypterus laticeps, Pterygotus osiliensis, Hughmilleria patteni, Dolichopterus laticeps, Mixopterus simonsoni, Bunodes lunula, Bunodes rugosus, Pseudoniscus aculeatus, Ceratiocaris noetlingi, Leperditia phaseolus, Conchidium conchidium* (bzw. *biloculare*), *Platyschisma helicites.*

K_2 Paadla-Zone (*didyma*-Zone, *Ilionia*-Schichten). Feste körnige fossilreiche Kalke mit reicher mariner Fauna, einer neuen Senkung nach der *Eurypterus*-Emersion entsprechend. Spongiostromabänke, Stromatoporenriffe.

Coelolepis schmidti, Gomphodus sandelensis, Onchus tenuistriatus, Proetus conspersus, Leperditia phaseolus, Leperditia eichwaldi, Leperditia grandis, Rhipidomella hybrida, Chonetes striatella, Spirifer crispus, Spirifer elevatus, Whitfieldiella didyma, Atrypella prunum, Megalomus gotlandicus, Illionia prisca, Armenoceras imbricatum, Thecia swindernana, Labechia conferta u. a. m.

K_3 Kaugatomazone, den Südrand der Insel Saaremaa (Ösel) entlang, und auf der Halbinsel Sõrvemaa (Sworbe) auftretend. Sandige, mergelige, aber auch grobkörnige Kalksteine mit Mergel- und Tonzwischenlagen, sehr fossilreich. Crinoiden- und Korallenbänke.

Gomphodus sandelensis, Onchus tenuistriatus, Proetus conspersus, Calymene intermedia, Calymene spectabilis, Calymene conspicua, Bumastus sulcatus, Acaste downingiae, Beyrichia, Kloedenella, Primitiopsis in mehreren Arten, *Dalmanella* (?) *orbicularis, Leptaena rhomboidalis, Chonetes striatella, Camarotoechia nucula, Atrypella prunum, Spirifer elevatus, Retzia salteri, Crotalocrinus rugosus* u. a.

K_4 Ohesaarezone. Eine nur im Südwesten von Sõrvemaa (Sworbe) aufgeschlossene dünnbankige, dunkle Folge von Kalksteinen, Knollenkalken, sandigen Kalken, Mergeln, Tonen, sehr fossilreich. Besonders zahlreich sind Ostrakoden und Fischschuppen. Sie wird öfters ins Downton gestellt; Säve-Söderbergh stellt sie ins obere Ludlow.

Thelolepis glaber, Th. costata, Th. trilobata, Nostolepis striata, N. dentoides, Gomphodus volborthi, G. globosus, Onchus murchisoni, O. tennistriatus, O. curvatus, O. roemeri, Calymene conspicua, zahlreiche Ostrakoden, *Chonetes striatella, Camarotoechia nucula, Spirifer elevatus, Retzia salteri, Tentaculites annulatus* u. a.

Ausbreitung nach Süden. Von einer Bohrung in Valmiera (Wolmar) berichtet Zans, daß dort unter dem Devon in einer Tiefe von 158 m Kalksteine mit tonigen und mergeligen Zwischenschichten angetroffen wurden, welche als silurisch (obersilurisch) bezeichnet werden. Fossilangaben fehlen. In der Bohrung von Daugavpils (Dünaburg) wurden bunte Tone, Dolomite und Mergel mit Gips angetroffen, welche Kraus für obersilurisch (Oberösel) halten will. Da Fossilfunde fehlen, kann das richtige Alter leider nicht bestimmt werden. Tiefer liegende Kalksteine, Dolomite und Mergel mit Gipsaugen werden von Kraus als Untere Öselschichten gedeutet. Die Angaben über Fossilien reichen leider für eine solche Deutung keineswegs aus. Beachtet man aber mit Kraus den allgemeinen regressiven Charakter des Gotlandiums im Ostbaltikum, so sind die obengenannten Deutungen wohl denkbar. Ein salinares Ludlow paßt in das von uns entworfene Gesamtbild des Rückzuges des ostbaltischen Silurs hinein. Dabei stimmen ja die tieferen Teile des Profils von Daugavpils (Dünaburg) mit den Stufen des Llandovery und des Ordoviziums weiter im Norden faziell überein. Endgültige Beweise sind allerdings erst von der paläontologischen Untersuchung des Profils von Daugavpils (Dünaburg) zu erwarten.

Epirogenese des Gotlandiums. Während des Gotlandiums vollzog sich also neben einer Heraushebung des Baltischen Schildes auch eine solche östlich des Tschudskoje- (Peipus-) Sees, welche sich schrittweise gegen Westen nach Estland hin ausdehnte. Während eine solche Hebung im Osten für das Gotlandium nicht bezweifelt werden kann, könnte aber Ähnliches auch schon für das obere Ordovizium, d. h. für die obere Lyckholmzeit, vermutet werden. Hand in Hand mit dieser Bewegung mußten im Osten und im Westen schon bereits abgelagerte ordovizische Kalksteine der Abtragung verfallen und dem sich zurückziehenden Silurmeer karbonatische Sedimente zuführen.

Nach dem endgültigen Rückzug des Meeres aus dem Ostbaltikum zum Schluß des Gotlandiums blieb eine Landoberfläche zurück, etwa wie sie jetzt in Nordestland unter dem Quartär und im Süden unter dem Devon vorliegt.

Die Stufenausstriche des Silurs sind auf der Landoberfläche nach Nordosten und vermutlich nach Osten ausgebuchtet und verlaufen in konzentrischen Bögen. Sichtbar allerdings ist das nur in der Estnischen SSR, wo die Ausstriche der Stufen des Llandovery und des Wenlock fächerartig divergieren, aber dennoch alle in gleicher Art und Weise von der Ostrichtung gegen Südosten hin abschwenken, um dort vom Devon überdeckt zu werden. Es liegt also das Gotlandium in einer Mulde, wobei deren äußere Umrandung von der Lyckholmfolge gebildet wird. Die übrigen Stufen des Ordoviziums streichen ja östlich des Tschudskoje- (Peipus-) Sees auch wie in Estland W–O und kommen daher für die Umgrenzung dieser Mulde nicht in Betracht. Das Bild dieser gotlandischen Mulde könnte auch so entstanden gedacht werden, daß 1. zunächst auch das Gotlandium konform zum Ordovizium abgelagert wurde und nach Osten fortsetzte; daß dann 2. zum Schluß des Gotlandiums eine Heraushebung dieser ganzen Tafel folgte; daß 3. nach der Heraushebung das Silurgebiet im Westen muldenartig einsank und daß 4. schließlich die höhergestellten Muldenränder abgetragen wurden.

Die im Llandovery, im Wenlock und besonders im Ludlow von Saaremaa (Ösel) vorhandenen Spuren eines schrittweise verlaufenen Rückzuges sprechen aber alle gegen eine solche Deutung.

Das Unterdevon fehlt bekanntlich der Osteuropäischen Tafel ganz, Geokratie zeichnete damals diese weite Fläche der Erdkruste aus. Über die im Mitteldevon wieder sinkende Landoberfläche breitete sich dann das Old Red aus. Falls Fennoskandia im Gotlandium noch keine Sedimente an die Russische Tafel lieferte und selbst vom ordovizischen und frühgotlandischen Meer bedeckt war, so wurde es jetzt so weit gehoben und abgetragen, daß das Urgebirge zum Bezugsgebiet der Sandsteine und Pelite des Altrotsandsteins werden konnte. Als Kompensation der Hebung Fennoskandias bildete sich dabei an dessen Südrande eine Senke, die devonische Baltische Mulde, deren Kern als Lettische Synklinale bezeichnet wird. Der Altrotsandstein liegt diskordant über dem Kambrosilur und streicht gleichsinnig mit dem gegenwärtig sichtbaren Rand des Finnisch-Karelischen Kristallins. Dies ist nun der äußerste Rand der devonischen Baltischen Mulde bzw. Lettischen Synklinale, deren Achse etwa von der Njemenmündung bis zum Welikajafluß zwischen Pskow und Ostrow verläuft. Es ist auch die Richtung der quartären Isobasen, und annähernd stimmt sie mit dem Verlauf der Endmoränengirlanden überein.

Demnach kann man annehmen, daß die endgültige Heraushebung des Baltischen Schildes in spätkaledonischer Zeit ein Abströmen des Magmas aus seiner Peripherie hervorrief, wodurch im Mitteldevon die Baltische Mulde angelegt wurde. Die Hebung des Schildes hat dann später in der Eiszeit die Gestalt der Eiskappe in diesem Bereich bestimmt und die Abflußrichtungen des Eises vorgezeichnet. Auch die Bewegungen der Erdkruste im Quartär und bis in die Gegenwart werden am Rande des Schildes durch den letzteren bestimmt, so daß die Isobasen noch jetzt konform zum Schildrand und zum Streichen der devonischen Schichten verlaufen. Somit regelt der Baltische Schild vom Unterdevon an bis heute das geologische Geschehen seines Randes, insbesondere der Baltischen Mulde.

Der Ausfüllung und Einebnung der oben geschilderten alten gotlandischen Mulde des Baltikums folgte also nach der unterdevonischen Pause ein zweites Nachsacken der Erdkruste im Mittel- und Oberdevon und die Ausbildung der Lettischen Synklinale. Der Kern der Synklinale liegt in der Lettischen SSR, doch die Mulde hat eine größere Ausdehnung. Den einen Flügel bildet das nach Süden einfallende Paläozoikum Estlands, den andern das Old Red und das Gotlandium in Litauen. Der Nordrand der Mulde verläuft der finnischen Südküste entlang und weiter im Bogen bis nach Öland und wurde von Giere als eine Flexur bezeichnet. Innerhalb dieses Bogens wurde der hier vorliegende Muldebau schon von Fr. Schmidt erkannt und beschrieben, weitere Beiträge für die Lettische SSR gab Delle.

Beide Mulden, die alte gotlandische und die spätere, devonische, sind nur westlich des Tschudskoje- (Peipus-) Sees und des Welikajaflusses deutlich entwickelt, ihre Achsen sinken gegen Südwesten ab. Im Osten also hat ein Gebiet mit Hebungstendenz bestanden, wodurch die baltischen Einmuldungen, obwohl zweifellos Teile der Russischen Tafel, von dieser als Sonderstrukturen sich abheben. Die spätere, zur devonischen Zeit entstandene Baltische Mulde, deren Epirognese an die Bewegungen des Baltischen Schildes gebunden ist, kann damit auch als eine Randstruktur des Schildes gelten.

Literatur

BEKKER, H., The Kuckers stage of the Ordovician rocks of NE Estonia, Dorpat 1921.

BORN, A., Über neue Gliederungsversuche im estländischen höheren Silur. Zentralbl. f. Min. 1913.

— Der untersilurische Brandschiefer von Kukkers. Geol. Rundschau, V, 1914.

HOPPE, K. H., Die Coelolepiden und Acanthodier des Obersilurs der Insel Ösel. Paläontographica B. LXXVI, 1931.

KOKEN, E., und J. PERNER, Die Gastropoden des baltischen Untersilurs. Mém. Ac. Sciences Russie, VIII sér. XXXVII Bd., Nr. 1, 1925.

KRAUS, E., Kambrium und Silur in der Tiefbohrung von Dünaburg. Jahrb. d. Preuß. Geol. Landesanst., B. *58*, 1938.

LAMANSKI, W., Die ältesten silurischen Schichten Rußlands. Mém. com. géol. *20*, 1905.

LINDENBEIN, H., La Kuckersite. Étude d'un dépot marin phytogène du silurien inférieur de la Baltique. Compte rendu soc. phys. et d'hist. nat. Genève, *38*, 2, 1921.

LUHA, A., Über Ergebnisse stratigraphischer Untersuchungen im Gebiete der Saaremaa- (Ösel-) Schichten in Eesti. Publ. of the Geol. Inst. Univ. Tartu, Acta et Comm. Univ. Tartuensis (Dorpatensis) A. XVIII, *6*, 1930.

ÖPIK, A., Beiträge zur Stratigraphie und Fauna des estnischen Unterkambriums. Publ. of the Geol. Inst. of the Univ. of Tartu (Dorpat), 1923.

— Die Inseln Odenshom und Rogö. Publ. Geol. Inst. Univ. Tartu Nr. 9, 1927.

— Studien über das estnische Unterkambrium (Estonium). Publ. Geol. Inst. Univ. Tartu Nr. 15, Acta et Comm. Univ. Dorpatensis A, XV, 2, Dorpat 1929.

— Brachiopoda Protremata der estländischen ordovizischen Kukrusestufe (Stratigraphische Tabelle und Erläuterungen). Publ. Geol. Inst. Univ. Tartu Nr. 20, Acta et Comm. Univ. Tartuensis/Dorpatensis, A. XVII, 1, Tartu 1930.

— Über Scolithus aus Estland. Publ. Geol. Inst. Univ. Tartu Nr. 29, Acta et Comm. Univ. Tartuensis/Dorpatensis A. XXIV, 3, Tartu 1933.

— Über Klitamboniten. Publ. Geol. Inst. Univ. Tartu Nr. 39, Acta et Comm. Univ. Tartuensis/Dorpatensis, A. XXVI, 5, Tartu 1934.

— Paläontologie, Arktisforschung und Kontinentalverschiebung. Mitt. der Naturforsch. Ges. Schaffhausen B. XVI, 1940.

ORVIKU, K., Lithologie der Tallinnaserie (Ordovizium, Estland) I. Publ. of Geolog. Inst. Univ. Tartu Nr. 58, Acta et Comm. Universit. Tartuensis (Dorpatensis) A. XXXVI, 1, 1940.

ROSENSTEIN, E., Unregelmäßigkeiten im Einfallen der Untersilurischen Schichten Estlands im westlichen Teil der Pandiverschen Erhebung. Tartu ülik. Loodusuurijate Seltsi Aruanded (Sitzungsberichte der Naturforscher-Gesellschaft Univ. Tartu) B. 47, Tartu 1943.

— Die Encrinurusarten des estländischen Silurs. Ebenda, 1941.

RUEGER, L., Paläogeogr. Untersuchungen im baltischen Kambrium unter Berücksichtung Schwedens. Centr. f. Min. 1923, Nr. 4 und 5.

— Neuere Untersuchungen über den estnischen Kukkersit. Geol. Rundschau, XVII, 1, 1926.

— Die baltischen Länder. Estland, Lettland und Litauen. Handb. d. Regionalen Geologie, B. IV, 4, Heidelberg 1934.

SCHMIDT, FR., Revision der ostbaltischen Trilobiten. Mém. Ac. d. Sciences Petersburg, VII Ser., *30*, 1881–94.

— Über eine neuentdeckte unterkambrische Fauna in Estland. Mém. Ac. de Sciences, Petersburg, 1888.

SCUPIN, H., Ostbaltikum. Die Kriegsschauplätze 1914–1918. Berlin 1928.

SÄVE-SÖDERBERGH, G., Remarks on „Downtonian" and related Problems. Geol. Föreningens Förhandl. B. 63, Stockholm 1941.

TAMMEKANN, A., Untersuchung des Dictyonemaschiefers in Estland nach Alter, Entstehung und Verbreitung. Dorpat 1924.

TEICHERT, C., Stratigraphische und paläontologische Untersuchungen im unteren Gotlandium (Tamsalstufe) des westlichen Estland und der Insel Dagö. N. J. f. Min. usw. Beil. Bd. LX, B. 1928

— Die Cephalopodenfauna der Lyckholmstufe des Ostbaltikums. Paläont. Zeitschrift, B. 12, 1930.

TROEDSSON, G. T., The Ordovician-Silurian Boundary in Europe, mainly in the Scandinavian–Baltic Region, Rep. of XVI, Int. Geol. Congress Washington 1936.

TSCHEREISKY, L. A., Nischnije sloi srednego devona leningradskoi oblasti (Die unteren Schichten des Mitteldevons der Leningrader Oblast). Bull. Moskauer Naturforscher-Gesellschaft, Bd. XII, 1934.

WYSSOGORSKI, J., Zur Entwicklungsgeschichte der Orthiden im ostbaltischen Silur. Zeitschr. deutsche geol. Ges. 1900.

ZANS, V., Einige Tiefbohrungen in Lettland. Daba un Zinatne, Riga 1935.

www.ingramcontent.com/pod-product-compliance
Lightning Source LLC
LaVergne TN
LVHW081342011026
849161LV00013BB/2983